筑境

中国精致建筑100

1 建筑思想

风水与建筑
礼制与建筑
象征与建筑
龙文化与建筑

2 建筑元素

屋顶
门
窗
脊饰
斗栱
台基
中国传统家具
建筑琉璃
江南包袱彩画

3 宫殿建筑

北京故宫
沈阳故宫

4 礼制建筑

北京天坛
泰山岱庙
闾山北镇庙
东山关帝庙
文庙建筑
龙母祖庙
解州关帝庙
广州南海神庙
徽州祠堂

5 宗教建筑

普陀山佛寺
江陵三观
武当山道教宫观
九华山寺庙建筑
天龙山石窟
云冈石窟
青海同仁藏传佛教寺院
承德外八庙
朔州古刹崇福寺
大同华严寺
晋阳佛寺
北岳恒山与悬空寺
晋祠
云南傣族寺院与佛塔
佛塔与塔刹
青海瞿昙寺
千山寺观
藏传佛塔与寺庙建筑装饰
泉州开元寺
广州光孝寺
五台山佛光寺
五台山显通寺

6 古城镇

中国古城
宋城赣州
古城平遥
凤凰古城
古城常熟
古城泉州
越中建筑
蓬莱水城
明代沿海抗倭城堡
赵家堡
周庄
鼓浪屿
浙西南古镇廿八都

中国精致建筑100

浙西南古镇廿八都

仲德崑 撰文/摄影

中国建筑工业出版社

出版说明

中国是一个地大物博、历史悠久的文明古国。自历史的脚步迈入新世纪大门以来，她越来越成为世人瞩目的焦点，正不断向世人绽放她历史上曾具有的魅力和光辉异彩。当代中国的经济腾飞、古代中国的文化瑰宝，都已成了世人热衷研究和深入了解的课题。

作为国家级科技出版单位——中国建筑工业出版社60年来始终以弘扬和传承中华民族优秀的建筑文化，推动和传播中国建筑技术进步与发展，向世界介绍和展示中国从古至今的建设成就为己任，并用行动践行着“弘扬中华文化，增强中华文化国际影响力”的使命。从20世纪80年代开始，中国建筑工业出版社就非常重视与海内外同仁进行建筑文化交流与合作，并策划、组织编撰、出版了一系列反映我中华传统建筑风貌的学术画册和学术著作，并在海内外产生了重大影响。

“中国精致建筑100”是中国建筑工业出版社与台湾锦绣出版事业股份有限公司策划，由中国建筑工业出版社组织国内百余位专家学者和摄影专家不惮繁杂，对遍布全国有历史意义的、有代表性的传统建筑进行认真考察和潜心研究，并按建筑思想、建筑元素、宫殿建筑、礼制建筑、宗教建筑、古城镇、古村落、民居建筑、陵墓建筑、园林建筑、书院与会馆等建筑专题与类别，历经数年系统科学地梳理、编撰而成。本套图书按专题分册，就其历史背景、建筑风格、建筑特征、建筑文化，结合精美图照和线图撰写。全套100册、文约200万字、图照6000余幅。

这套图书内容精练、文字通俗、图文并茂、设计考究，是适合海内外读者轻松阅读、便于携带的专业与文化并蓄的普及性读物。目的是让更多的热爱中华文化的人，更全面地欣赏和认识中国传统建筑特有的丰姿、独特的设计手法、精湛的建造技艺，及其绝妙的细部处理，并为世界建筑界记录下可资回味的建筑文化遗产，为海内外读者打开一扇建筑知识和艺术的大门。

这套图书将以中、英文两种文版推出，可供广大中外古建筑之研究者、爱好者、旅游者阅读和珍藏。

目录

浙西南古镇廿八都

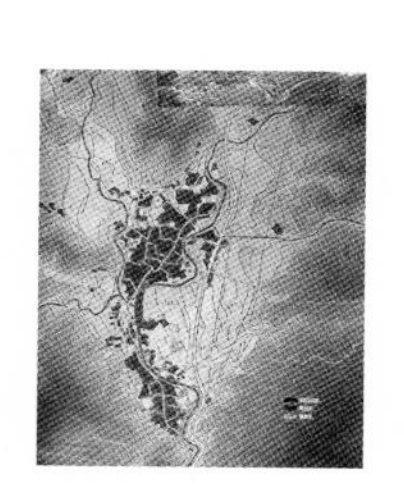

廿八都，位于中国浙、闽、赣三省交界的仙霞山脉纵深地带，是浙江省最西南的一个古镇。廿八都古镇坐落在群山环抱、众峰拱列、枫溪逶迤曲折自北向南流淌的盆地中央，自然风光秀美怡人。村落依水沿路而建，高低错落，镇周围有很多风景名胜，全然一派“桃花源里人家”之景象。

随着改革开放的潮流涌动，廿八都古镇越来越为海内外专家、学者和旅游者所了解和青睐，并成为浙江西南—闽北旅游线上一颗璀璨的明珠。

一、遗落在大山里的梦

驻足于浙闽边境上的浮盖山北望，廿八都盆地尽收眼底。枫溪如银白色的飘带曲折而来，缥缈中的廿八都镇隐约可见，仿佛身处梦境之中，难怪一位文人称之为“历史上一次伟大起义遗落在大山里的一个多少带点苦涩的梦”。随着现代交通的发展，205国道如今已取代了千古绝唱的仙霞古道，廿八都的“扼浙闽之咽喉”的历史地位无可挽回地一去不复返了。曾经像屏障护佑过古镇使之免遭战乱兵灾的危峰峭嶂，如今成了一道道摩天壁垒，阻隔了古镇与外界的交流。古镇的崛起、古镇的繁荣、古镇的衰落、古镇的复兴，仿佛是一个梦，一个迟迟未醒，正在醒来的梦……

廿八都，位于浙、闽、赣三省交界的仙霞山脉纵深地带，是浙江省最西南的一个集镇，现属江山市。其东北距江山市中心51公里，南、西南与福建省浦城县官路、盘亭乡接壤，西北与江西省广丰县十都乡交界。

廿八都镇历史悠久。据考古调查发现，早在新石器时代晚期，在境南之盘亭溪、古溪一带就有先民定居。据《史记·五帝本纪》载，夏商周时期，禹决九河定九州，任土作贡，其地属扬州地域。战国时期，据《国语·越语上》载，勾践之地，南至句无（今诸暨东南），北至御儿（今嘉兴市西南），东至于鄞（今宁波市南奉化市东），西至姑蔑（今龙游县）。春秋战国时期江山属姑蔑，故属越地。秦时属闽中郡，汉时属闽越，隋唐时期属今之浙江。

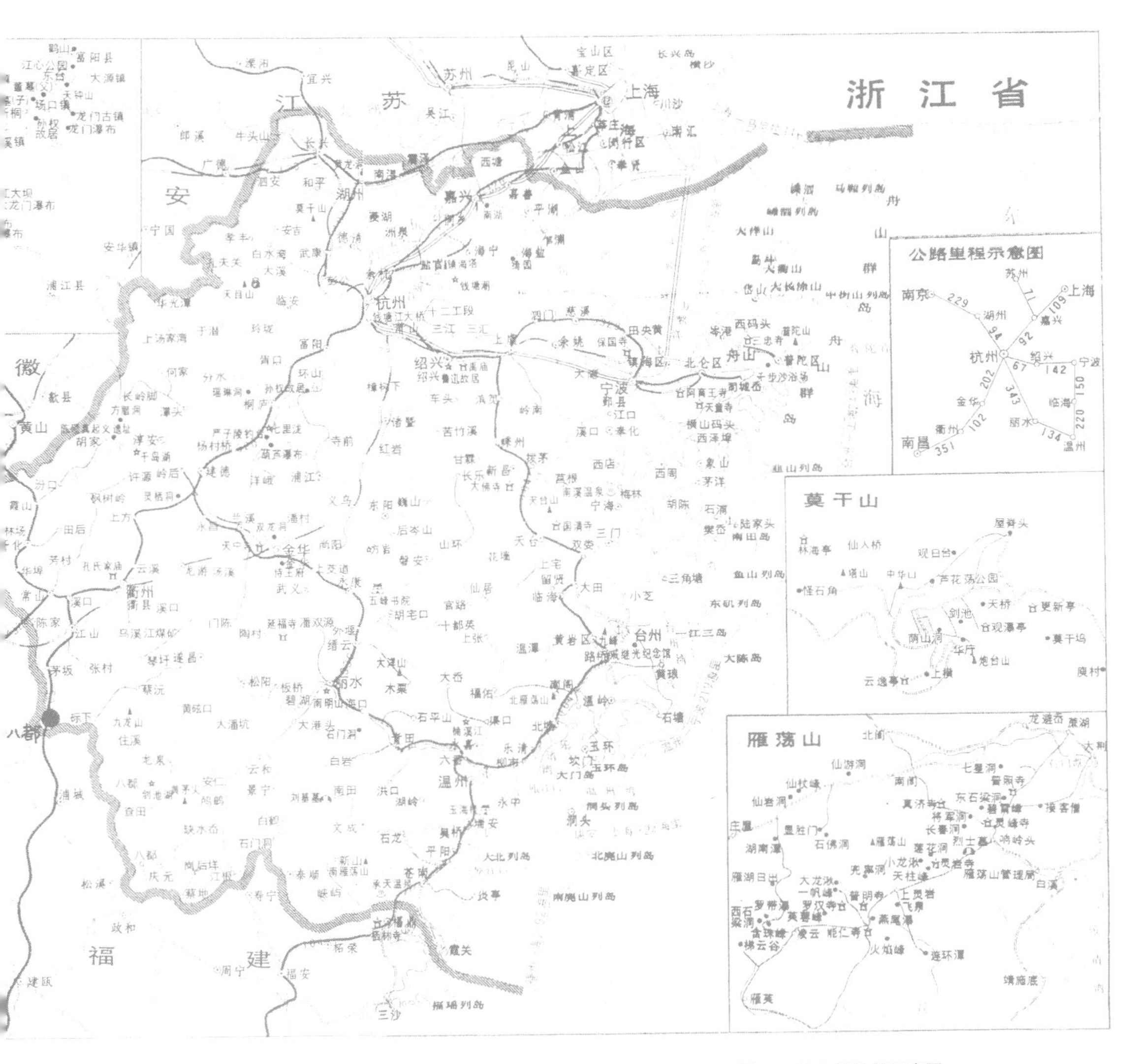

图1-1 廿八都位置示意图

廿八都坐落在浙、闽、赣三省交界处的仙霞山脉纵深，南距福建省界仅数公里，西距江西省界仅10公里。北有一夫当关、万夫莫开的仙霞关，南有两山夹峙、地势险要的枫岭关。

唐武德四年（621年）置须江县，其地属须江县道成乡。廿八都名始于宋代。宋熙宁四年（1071年）江山地区设都四十四，此镇名列廿八，后历代虽隶属关系有所变迁，但廿八都之名沿袭至今未改。1988年公布为浙江省历史文化名镇。

军事上和交通上的重要地位，曾经是廿八都发展的渊源。唐宋以来，这里始终是军事关隘，宋元丰三年（1080年）境南之盘亭置盘亭驿。元代，境北仙霞关设有江山兵营。明洪武三年（1370年）置巡检司于盘亭。明末，唐王称帝于福建，建号“隆武”。顺治二年（1645年）明将郑芝豹戍守仙霞岭，驻镇廿八都。次年，清军克廿八都和浦城。顺治十一年（1654年）清政府设浙闽枫岭营，派游击率绿营兵在此驻防，廿八都更成为屯兵扎营之所，成为劳役和给养的供应地。同时，为适应过往商旅之需要，服务行业亦发展起来。由于官兵来自全

图1-2 廿八都——遗落在大山里的梦

似梦一般缥缈，似梦一般遥远。廿八都，遗落在大山里的梦。然而，廿八都又是那样的真实，那样的自然。廿八都，一个迟迟未醒，正在苏醒的梦。

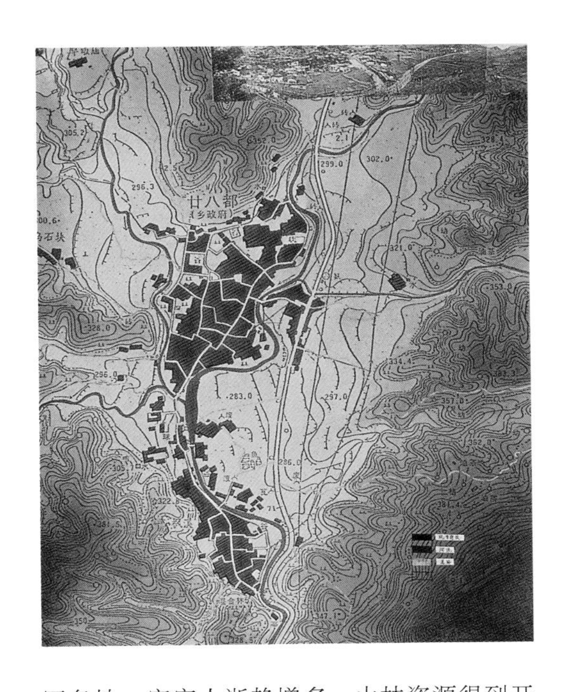

图1-3 廿八都环境平面图

群山环抱，众峰拱列，枫溪逶迤曲折自北向南流淌。廿八都就坐落在这山环水浇的盆地中央。村落依水沿路而建，高低错落，镇四周有诸多风景名胜，全然一派“桃花源里人家”景象。

国各地，客家人浙趋增多，山林资源得到开发，自然经济也得以发展。迨至清末同治、光绪年间，达到繁荣鼎盛时期，镇上曹、杨、姜、金四大家族显赫一时。其中杨家以经营造纸作坊负有盛名，其时杨家有纸槽三十六，年产土纸约4万担。姜家以经营三籽（柏籽、桐籽、茶籽）而冠盖闽北。商贾多将土特产山货销往沪杭，贩回南北杂货，倾销闽北及赣东南。其时，廿八都是闽北、赣东南土特产集结地，又是沪、杭、金、衢南北货及百货的贸易中心。镇上饭铺酒店就有50余家，南北杂货批发零售商大小40多户。一时间商贾云集，百业兴旺。繁荣的明清时期，镇上建造了一大批装饰精美的民居和公共建筑。至今清代建筑仍是古镇屋宇的主体。现保留完整、规模较大的明清建筑有古民居36座，以及万寿宫（又名江西会馆）、忠义祠（又名关王庙）、孔庙、文昌阁、水星楼（又名真武庙）、大王庙等11座公共建筑。

廿八都还留下许多革命战争遗迹。清康熙及咸丰年间，耿精忠反清义军、太平军石达开部均曾转战于此。1932年5月和9月，广丰苏维埃红军独立团和闽北独立团曾两次攻打廿八都。1942年，日军向转入福建的国民革命军第四十九军进击，军长王铁汉驻防廿八都，命105师、26师于仙霞关层层设防堵击，日军屡攻不克，伤亡千余人而退出江山。

廿八都兴盛于军事与交通，繁荣于驻防和商贸，后又衰败于军事和交通条件的变更。昔之浮华今安在，空留古镇悠悠情。如今，古镇之梦正在苏醒，随着改革开放的潮流涌动，边境贸易正在成为古镇复兴的契机。伴着旅游者的纷至沓来，古镇越来越为海内外专家学者和人们所了解，廿八都将成为浙西南—闽北旅游线上的一颗灿烂的明珠。

二、枫溪锁钥

廿八都坐落在仙霞六岭之间的盆地上，一条蜿蜒的枫溪（又名廿八都溪）自北向南穿过盆地流经古镇脚下。溪边良田美池，屋舍俨然，雕梁画栋，飞檐兽脊，一派“桃花源里人家”的景象。镇周围群峰拱列，山峦叠翠，北有仙霞、南有枫岭、东有安民、西有六石，四座雄关虎踞四面。特别是其中的仙霞关，汉朱买巨称之为“一人守险千人不得上”，可见地势之险要。唐乾符五年（878年）黄巢起义军攻宣州不克，乃引兵浙江，“刊山七百走建州”，开辟了仙霞古道，沟通了浙闽交通。自此，仙霞古道成为京都通往福建沿海唯一的陆上通道，廿八都则素有“枫溪锁钥”之称，军事上“操七闽之关键，筑两浙之樊篱”，为兵家必争之地。这条古道在经济上则“沟通了两浙陆路交通，促进了内地出口商品汇集泉州和进口物资之内运，活跃了浙闽经济交流”（沈玉冰. 试论战乱对港口盛衰之影响//海外交通史论文集）。

廿八都盆地自然景观秀美。镇内小桥流水，古街道沿溪曲折有致，古建筑傍水高低错落；镇周围亦有诸多风景名胜，有“枫溪十景”，点缀于山水村落之间。“枫溪十景”有：“炉峰夕照”、“水安凉风”、“浮盖藏雪”、“珠坡樵唱”、“相亭晚钟”、“龙山

图2-1 从水安桥头眺望万寿宫/对面页

从位于村口的水安桥头向村内眺望，仿佛还可以看到当年万寿宫墙外跨立在仙霞古道上的“枫溪锁钥”坊，车马商队熙熙攘攘地从坊下穿行。

牧马”、“梓山花锦”、“枫溪望月”、“郑狩晴岚”和“西场校射”等，大多余景犹存。明崇祯十三年（1640年）、十七年（1644年）徐霞客曾三游廿八都浮盖山和石龙洞。许多文人墨客在此留下了不朽的诗句，其中最为知名的有宋代大诗人汪藻留下的脍炙人口的《咏浮盖山》诗句：“作镇东南削岳灵，峭崖绝壁欲奔星。浮空高展神仙盖，列嶂长开水墨屏。春瀑练飞千丈白，晓林蓝染万株青。寻真自喜板云极，洞府由来不掩扃。”

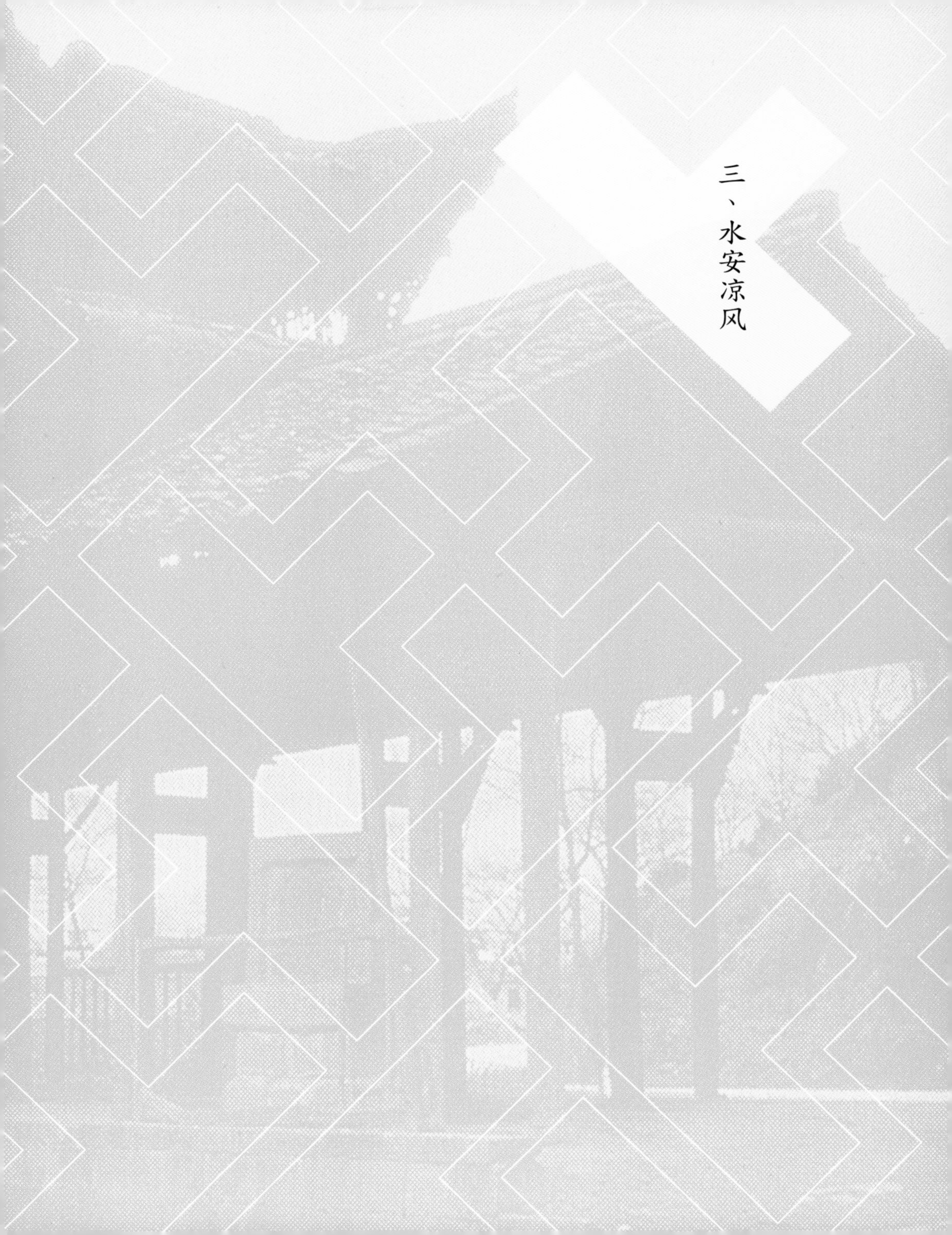

三、水安凉风

水安桥坐落在古镇南端，桥头连接仙霞古道，桥身横跨十里枫溪。古桥扼守全镇南大门，居金馆和炮台两山夹峙的谷口地带，两山树木葱茏，仙霞古道从南面逶迤而来，自此从枫溪东岸跨溪到西岸进入廿八都古街继续南行。枫溪中流淌着千年的蹉跎岁月，古道上走过了万千个孤独旅人。想象一下在炎热的夏天，经过长途跋涉的人们，一身劳顿，百般疲惫，一走进这座顶似华盖的水安桥，迎来沿溪水穿流的峡谷吹来的习习凉风，继而在桥栏两侧设置的长凳上坐下，接过卖水的老乡手中的毛巾，喝着大碗的凉茶，会是何等的惬意！现在，修建于20世纪30年代的江（山）浦（城）公路从桥头经过，水安桥仍独立村头，而景色已是今非昔比了。

水安桥，建于同治三年（1864年），为单孔石拱桥，桥长11.2米，高7.8米，桥上建有七间廿四柱桥廊。桥廊梁柱结构体系简洁明了，

图3-1 位于仙霞古道上的水安桥

位于古镇南端的水安桥，桥头连接仙霞古道，桥身横跨十里枫溪。它顶似华盖的桥亭，曾经是古代旅人遮风避雨的场所，也曾是迁客骚人吟诗题壁的地方。多少一身劳顿，百般疲惫的人们在此享受过习习凉风和透心甜茶。如今，这里是人们街说巷议、交流信息的地方。

图3-2 水安桥远眺

水安桥居于金馆和炮台两山夹峙的谷口，两山树木葱茏。仙霞古道从南面逶迤而来，自此跨过枫溪进入廿八都。桥廊双坡灰瓦屋面，出檐深远。桥右第三间上部突出一重檐四角攒尖顶方亭，不对称的立面处理使整个廊桥的整体造型既端庄大方，又不失轻巧活泼的意趣。

图3-3 水安桥桥廊仰视
水安桥桥廊结构体系简洁明了，造型朴素无雕饰，大梁底可见墨书“同治三年建”字样。

造型朴素无雕饰，双坡灰瓦屋面，出檐深远。唯在桥左第三间上部突出一重檐四角攒尖顶方亭，不对称的立面处理使整个廊桥的整体造型既端庄大方，又不失轻巧活泼的意趣。

地方志记录了当地文人咏“水安凉风”诗曰：“桥名水安跨村南，苍山碧水熏风凉。景宜朝夕晨午晚，人游四季俱芬芳。”

水安桥最初的功能是交通要道上跨越河流的设施，其上的桥廊实际上是一个路亭，为远行的旅人提供一个庇荫避暑，驻足小憩的所在。但它何尝不是古镇廿八都的南大门，又何尝不是逶迤千里的仙霞古道上的一个里程碑呢？从桥廊向镇内眺望，位于镇口的“枫溪锁钥”拱门（现已毁）和江西会馆隐约可见。所闻所见告诉远来的旅人：浙闽赣边境的繁华商埠廿八都到了。

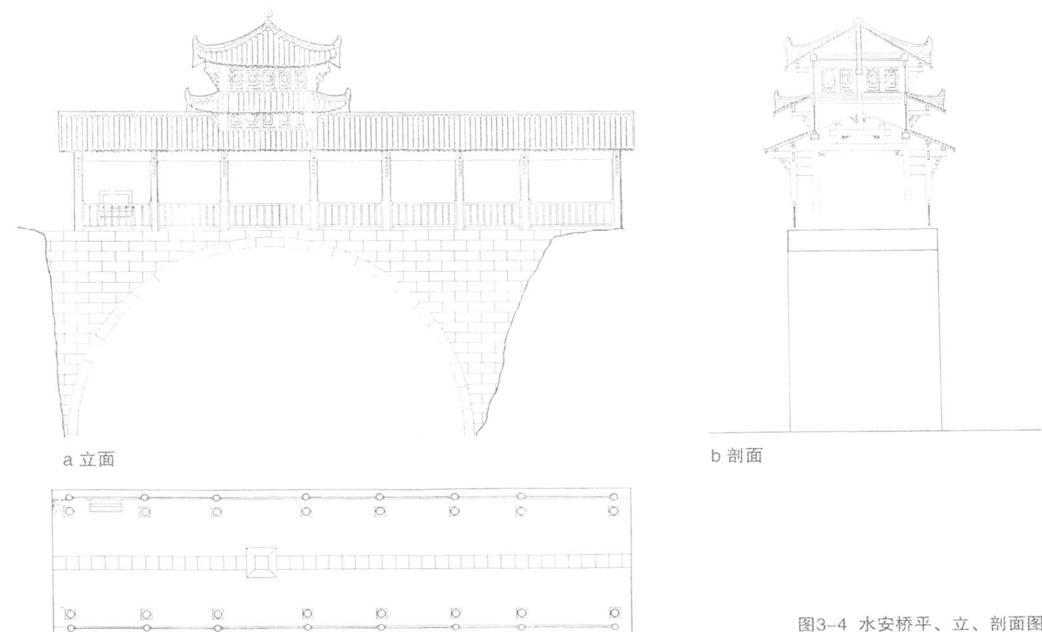

图3-4 水安桥平、立、剖面图

如今，水安桥是当地镇民会聚的场所。茶余饭后，镇民们喜欢在这里小憩，向过往的客商兜售茶水和瓜果。南来北往的旅客所带来的信息自然成为人们议论的话题，水安桥也就自然成了有关外部世界和村内大小事务的信息中心了。

四、枫溪老街

作为军事重镇的廿八都，也曾经是浙、闽、赣边界地区繁华的商埠。沿着沟通内地和福建的仙霞古道，历代战时曾经行进过众多的军队。而在太平盛世，古道上通行更多的则是商旅。廿八都是浙西南、闽北、赣东南地区土特产的集散地，也是沪、杭、金、衢南北货和日用百货的贸易中心。沪杭的南北杂货经这里销往福建和江西，各地的货物也经此运往泉州等港口出口，沿海进口的物资也经这里运往江浙一带，位处交通要冲的廿八都自然成了边境转口贸易的中心。

廿八都交通要冲的地位，自然而然地使得穿镇而过的仙霞古道成了繁华的商业街。在古道经过的浔里村和枫溪村的中心部位各有两段长百余米的古街。古街两侧排列着整齐的铺面，一般是每户三间门面，间以高耸的马头山墙。店面出檐深远，梁架以雕饰精美的木斜撑，山墙则以砖叠涩形成的墀头将檐口悬挑至1米开外，街道两厢屋檐相对而出，仅在行人头上留下狭窄的一条天空。一串串古色古香的招识，悬挂在檐下来回飘荡。招识上或书写着店铺名称，或画着酒坛、茶炊，南北果品，文房四宝，向人们昭示店铺的性质，招徕南来北往的顾客和围着蓝土布围腰的山里人进店交易。街道中间是条石铺砌，条石下是古镇的排水系统。条石两侧则是拳头大小的河卵石铺砌，通往店铺的台阶有的以青石垒成，有的以状如西式面包般大小的长条形河卵石叠起。铺面一色以木排门板启闭。清晨，伙计们沿着滑槽将排门板一一取下，按墨笔书写的序号靠墙

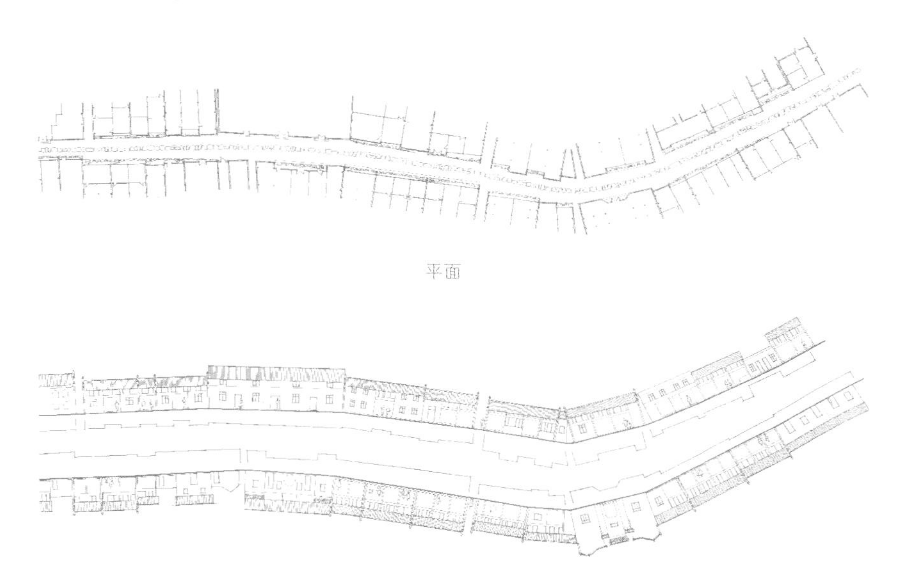

图4-1 枫溪村古街测绘图

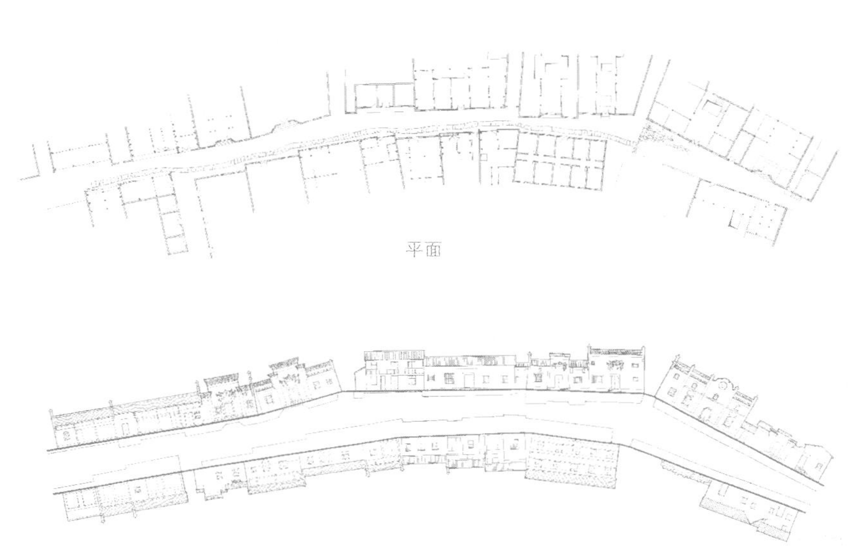

立面

图4-2 浔里村古街测绘图

a

b

c

垒好，然后开始一天的营业。傍晚则又将排门板按顺序一一沿滑槽插入。排门板中间往往有一对上下有枢轴的门扇，便于打烊后水平旋转开启，供店主一家晚间出入。

廿八都古街商家多是前店后宅，店堂往往就是店家的客厅和起居室，因此街道除了它的商业功能外，往往还是居家生活的延伸。居民们常常在街道边就餐，择菜，洗衣，甚至进行产品加工，早早晚晚也就成了沿街居民聚会交谈的场所，因此商业气氛和生活气氛十分浓厚。而到了逢年过节，家家户户张灯结彩，沿街进行走旱船、踩高跷、舞狮子、玩龙灯等喜庆活动。逢到红白喜事，街道成了迎亲游行和出殡行列的必由通道，更是充满着喜庆或悲戚，成了风土人情演绎的舞台。

图4-3a~c 廿八都镇全景鸟瞰/对面页
十里枫溪绕村而过，仙霞古道沿枫溪向南北延伸。这条古道曾是江浙往福建沿海的唯一通道。沿路傍溪发展起来的廿八都因此享有“枫溪锁钥”之称，军事上“操七闽之关键，筑两浙之樊篱”，为兵家必争之地。如今，205国道取代了千古绝唱的仙霞古道，廿八都的边境商埠的地位，已经变为浙南一闽北旅游线上的一颗明珠。

图4-4 枫溪街街景

古色古香的枫滨古街长一百多米，昔日繁华今安在，唯留古街空悠悠。交通方式的变更，已使得商业活动外迁到公路附近，但人们仍然可以想象这里过去的热闹景象。

图4-6 枫溪街转角建筑/对面页

这一位于街道转角的建筑，采用了廿八都不太多见的“假歇山”屋面做法，突出了它的转角位置。突出的地位使它十分引人注目。它曾是一家饭店，或是一家茶馆？它曾是一处牙行，或是一爿店铺……

图4-5 枫溪街街景

古街接近公路的地段依然繁华。日常用品、食物、蔬菜等应有尽有。

图4-7 古巷入口

古街是古镇的脊梁。从这里向左右伸出许多巷道，通往居民的住宅。巷口的过街楼具有防卫功能，木闸板可以从楼上放下，楼板下还留有泼水的洞口，以防强盗火攻。

图4-8 深巷

古镇有许多巷道。巷道的宽度通常仅3—4米，多以卵石铺砌，两侧或一侧近墙根处以明沟排水。巷道两侧排列着高耸的建筑外墙，外墙不时被装饰精美的门楼和窗套所打破，外墙的顶端则是叠涩出挑的灰瓦五花山墙。

五、枫桥古刹

沿着穿镇而过的街北行至中段，人们看到一座石拱桥跨越枫溪，这就是建筑于清代的枫溪桥。其半圆的桥拱，古朴的造型，高耸的体形，一下就把行人的注意力吸引过去，成为人们视觉的焦点。丰水期的枫溪，水位高至桥堍，半圆的桥拱与水面的倒影构成一个完整的圆形，形成枫溪十景之一的“枫桥望月”。在中国古代南方，人文荟萃。封建文人们常常能从山水、田园、街市、阡陌之中发现美、构筑美，表达他们对山水、田园和耕读生活的热爱。他们热衷于发现和构筑“八景”或“十景”。这些景，充满了生活情趣和传统文化的意味，是人文美和自然美的结合。“枫桥望月”就表达了人们的美好意愿和审美情趣。

依伴在枫溪桥头的是建于清同治七年（1868年）的水星楼。它的入口正对着枫桥的桥头广场。水星楼，又名“真武庙”，是一座道观，前后两进，前进是山门和戏台，后进则是供奉真武大帝和道教诸神的大殿。山门入口的上部是古戏台，大殿和两厢之间的院落共同构成戏台的观众厅，这里是每年在特定的时节唱戏和供镇民聚会的场所。古戏台两侧的台柱上镌刻着一副对联，联曰：“真武庙中真舞妙，水星楼外水声流”。整个道观，把建筑艺术、木雕艺术、绘画艺术、文学艺术融于一体，犹如一座民间艺术的宝库。

枫桥古刹，相伴相依，度过了一百多个春秋。

a

图5-1a,b 廿八都镇与枫溪/本页及后页

镇因水成，水因镇名，枫溪又称廿八都溪。廿八都镇分为三个村落，分布在枫溪的两岸。建筑物多傍溪临水而建，高低错落，进退有致。

b

枫桥古刹

图5-2 枫溪桥/前页

枫溪桥建于清代，为拱结构，全部以条石建造，桥身高耸，造型古朴。它的桥拱成半圆形，丰水期的枫溪，水位高到桥堍，半圆的桥拱与水中的倒影构成一个完整的圆，形成枫溪十景之一的“枫桥望月”。

图5-3 水星楼

水星楼，建于清同治七年（1868年）。它依伴在枫溪桥头已有一百多个春秋了。水星楼，又名真武庙，是一座道观，前后两进，前一进是山门和戏台，后一进是供奉真武大帝和道教诸神的大殿。说是山门，实际上是从戏台下进入道观的门厅。

六、文昌古阁

图6-1 文昌阁鸟瞰/前页

文昌阁，建于晚清宣统元年。正如它在全镇建筑群中统领全局一样，它也是全镇文化教育生活中心。文运亨通，是旧时镇民所期盼的读书入仕的前提。文昌阁既是人们崇拜文昌帝君和魁星的场所，也是地方学子读书会文的所在。

在镇西北一片灰瓦两坡屋顶的民居中间，高高耸立着一座三重檐歇山顶建筑物。它俯瞰全镇，统领全局，俨然是全镇建筑群中地位最为突出的构图中心。的确，文昌阁在廿八都这个以农耕、商贸为主业的集镇中的地位实在是不同一般。

在中国漫长的封建社会中长期实行的是中央集权统治下的官僚政治。自唐代兴科举以来，人们通过开科取仕的科举制度进入统治者的行列。对于广大的乡村青年来说，“耕可致富，读可荣身”，唯有把十年苦读作为进仕修身的重要手段。乡间青年学子多在科举制度的激励之下攻读经书，试图挤入仕途，光宗耀祖。到了清代中晚期科举更盛，南方各省许多城市、村镇都修建了文昌阁。

“文昌阁”，江浙一带又有称作“文昌祠”、“奎星阁”的。《史记·天官书》曰：“北斗之上有六星，合称为文昌宫”，主人间文运。《史记·天官书》中又说：“奎星即北斗七星之第一星，或谓第一至第四星。”到东汉时，民间已有“奎主文章”的信仰。东汉宋均注《孝经·授神契》一文中“奎主文章”句时曾写道“奎星屈曲相钩，似文字之划。”中

图6-2 文昌阁立面图

图6-3 文昌阁
文昌阁，三重檐，歇山顶。它与一般民居所不同的地方还在于它屋角起翘，飞檐高椽，令人一望而知其公共建筑的性质。

国传统道教则把文昌帝君人化而后神化，纳入道教诸神，按《大洞经》（即《文昌化书志》）的说法，“文昌神姓张，讳善勤，字仲子，蜀之梓潼人，生而仁爱忠孝，遇神人授以大洞结篆，护国佐民，汲为神，主文昌宫事。”唐宋时，道家又把张仲子称为“梓潼帝君”，主神仙人鬼生死爵禄。元仁宗时，道教干脆把文昌神和梓潼帝君合二为一，封为“辅元开化文昌司禄宏仁帝君”，简称“文昌帝君”。在科举制度盛行的封建时代，文昌帝君是中国民间流传最广，文人学子广为祀奉的道教大神之一。以一句“国家兴亡，匹夫有责”的警句享誉华夏的清代学者顾炎武在《日知录·魁》文中写道：“今人所奉魁星，不知始自何年，以奎为文章之府，故立庙祀之”。民间多将奎星阁和文昌阁合一，在文昌阁中祭祀奎星。

图6-4 文昌阁正立面

文昌阁在古镇的地位还体现在它装饰精美。文昌阁雕梁画栋，梁枋均施彩画。它曾是乡粮管所的粮食仓库，或许，这正是它受到良好保护的原因吧。

廿八都的文昌阁有两大功能，一是供奉祭祀文昌帝君和魁星，二是用来作为地方学子读书会文的场所，起书院或义塾的作用。

按廿八都的习俗，每年春秋都要祭文昌帝君和魁星，以保佑地方学子奎星高照，文运亨通。同时，文昌阁也是当地的学馆，这从配殿立柱上的一副楹联上可知一二，联曰："六七月间无暑气，二三更里有书声"。可见莘莘学子即使在三伏暑天，只知埋头苦读对暑热浑然不觉，哪怕是深更半夜仍是寒窗青灯，攻读不辍。

图6-5 文昌阁檐下斜撑雕饰
文昌阁正殿檐下的斜撑是一对活泼生动的狮子。传统的双狮戏绣球的主题，既隆重，又富喜庆色彩。它集圆雕，高浮雕等手法于一身，雕饰精美，手法纯熟，难怪有专家评论较之全国著名的东阳木雕"有过之而无不及"。

图6-6　文昌阁天花彩画之一

文昌阁，三层，每层天花均施彩画，一如国画彩墨工笔画法。其做法是在木质天花板上刷白，而后以彩墨工笔绘成。画周边以石青为底绘卷草纹，以模仿国画裱绫。这一幅彩画表现的是书生折桂，以谢高堂的情景。

图6-7　文昌阁天花彩画之二

彩画“折莲图”。描绘的是一位文人坐在柳树下莲池边，读书间隙命一童子于池中采摘莲花以供瓶插的情景。

图6-8 文昌阁天花彩画之三
彩画“高士图”。描绘的是一位高士在山中命童子采摘花卉的情景。

廿八都的文昌古阁，建于清末宣统元年（1909年），是廿八都最为宏伟壮观的建筑群，占地1200多平方米，为三进三层楼阁建筑，本镇民间工匠杨瑞球设计建造。整个建筑的精湛的木雕艺术和丰富的彩画最具特色。所有梁、枋、檩以及藻井均彩绘人物、花卉、山水、鸟兽，全部雀替、牛腿、槛门、窗扇均以浮雕或透雕装饰，题材丰富，形象生动。

巍峨高耸的文昌古阁正是廿八都人民劝学习俗和地方学子攻读学风的真实记录。

七、浙西南民居

图7-1 连绵数里的古民居建筑群
自镇北山腰向南鸟瞰，古民居建筑群沿枫溪延绵数里。放眼望去，除少数新建房屋外，绝大多数是传统形式的民居建筑，灰瓦、青灰砖墙或夯土墙，极富整体特色。全镇现存较大规模明清民居36幢，并保留有两条各长约1公里的古街道和许多古巷道。

图7-2 姜姓老屋外观/对面页
姜姓老屋坐落在镇上的浔里村，是保存得极为完好的一座清代民居。建筑物主体为三进两院，并顺应地形另附一跨院，平面规整中富有变化。整个建筑墙基以石料砌筑，上部为空斗青灰砖墙，灰色蝴蝶瓦屋面，唯檐下一道粉白，显然是受江西民居做法的影响。

繁华的过去，特别是鼎盛的明清时期，除了给廿八都留下了一批公共建筑和两段古老街道之外，还留下了一大批保存完好，风格独特的古民居建筑群。现在镇上80%以上的民居建造于明、清和民国早期，其中规模较大的明清民居有36幢之多。更为难能可贵的是，整个村镇的结构保存得十分完整。如此结构完整，古建群体完好的村镇在浙江省堪称第一，在全国亦不多见。

廿八都的民居建筑形制基本属于浙、皖文化圈，但由于它位处浙、闽、赣边区，其建筑风格又受到江西、闽北建筑的影响，因而形成了一些自身的独特性。更由于廿八都居民多为来自全国的守军后裔和南来北往的商家传人，外来文化的影响多样而丰富，对建筑形制、风格必然也造成一定影响。因此廿八都民居与其周边的浙南村镇在许多方面迥然不同，形成奇特的“文化飞地”现象。

社会主义好
江山无限好
祖国万年春
级

图7-3 姜姓老屋门楼
廿八都民居最突出的部位是入口上部的木构门楼，雕饰十分精美，是显示业主地位和财富之所在。门楼下以整块条石雕刻的“瑞气临门”门额，则反映了居民趋福避灾的良好愿望。

图7-4 杨瑞光宅入口/对面页
杨宅的入口有其独特的韵味。石雕仿木构的做法使得入口部位既庄重典雅，又轻巧富丽。在廿八都，凡朝南的门楼多以“南极星辉”来题写门额。

村镇的结构布局

廿八都村镇结构主要沿枫溪成三个团块布置，北部为枫溪村，中部为花桥村，位于溪东，南部为浔里村。

虽然廿八都人口来源繁杂，姓氏众多，三千人口有百余个姓氏，但主要有曹、姜、杨、金四大姓，同姓主要围绕宗祠成团块组合，其余少数姓氏人家则主要沿街道和外围布置。这种以祠堂为核心的团块式结构，是封建宗法制度在村镇形态上的反映。但同时，廿八都有一条南北方向的主要街道，这是一条商业街道，也是村镇的主要交通干道，因此它又具有街巷结构体系的特征。因此廿八都的村镇结构是街巷结构和以宗祠为核心的团块结构的结合，这种形态也给这座古镇以区别于周围其他村镇的不同特征。在沿主干道的街区，街巷结构的特点比较明确，建筑走向主要沿街巷布

南極星輝
之子于归
户拥香車入
迎宝扇挑

图7-5 姜姓故居外观
20世纪初，西洋建筑的影响已经如此深入到廿八都这样的偏僻山区是人们始料不及的。姜姓故居的平面布局完全是中式的，而它的门脸却有显而易见的巴洛克建筑的痕迹。从中间一跨采用的曲线形的山花，拱形门洞的处理，乃至于檐口的立柱和宝瓶都可以看到巴洛克建筑的影响。

置，群体关系比较规整。而在远离主干道的地方团块结构则表现得较为突出。建筑物之间的空间不再是有规划的街道或巷道空间，而表现为方方正正的建筑物建造后余下的不规则的边角料，外部的公共空间极不发育。

廿八都的主要街道依南北方向沿枫溪的走向布置，宽度6—8米，巷道一般宽2—3米，窄的仅80—90厘米，两侧房屋外墙高耸封闭，巷道狭窄幽深，形成鲜明特色。

住宅形制

廿八都住宅与浙西、皖南、赣东的住宅形制大致相似，多为内向布局的四合院。高大的外墙把一户户人家密实地包围在一个围绕内院形成的内向空间中，内外的界限十分明确，形成很高的私密性。正像“英国人的家是他的城堡”的习俗一样，廿八都人的住宅正是他们的堡垒。

a

b

图7-6 姜姓故居装饰

虽说受到巴洛克建筑的影响，山花中间的圆形装饰主题却是地地道道的中国题材，君不见诸葛先生正在门楼上唱他的“空城计”呢。

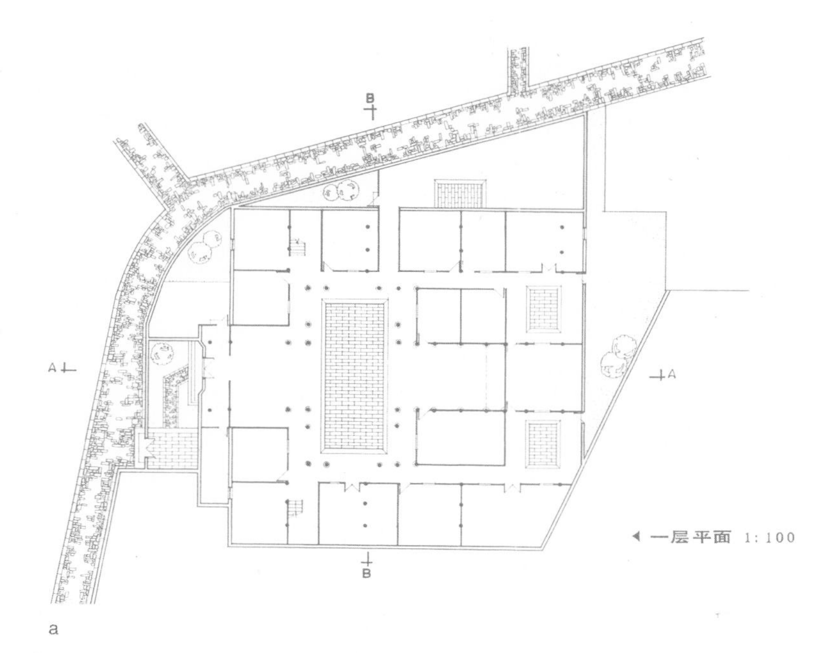

a

廿八都明清住宅大致可归纳为三类：一为五开间三天井；二为五开间单天井；三为三开间单天井。当地习惯把前两类称为合面五架两厅，后一类称为合面三架两厅。

住宅的内部空间

住宅多沿轴线对称布局，格局规整。多采用四合院，轴线上的开间称明间，其开间大于次间，次间又大于梢间。前进的明间称下堂，后进的明间称上堂，天井的东西两侧建单面内坡的厢房，称两厢。在当地又称“厅”。上下堂和两厢多不设槛门，为开敞布局，与位于中心位置天井共同组成富有特色的十字形空间，厅堂和天井的空间相互渗透，构成家庭公共生活的中心，展开一幅幅丰富多彩的生活画卷。廿八都住宅的天井是住宅空间的核心，天井中

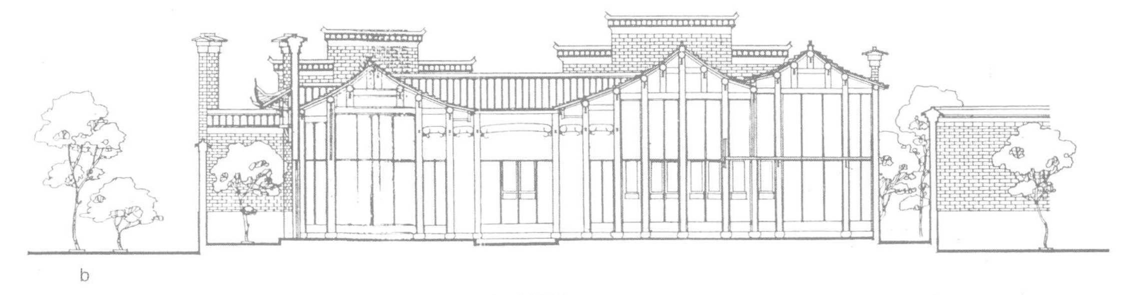

b

A–A剖面

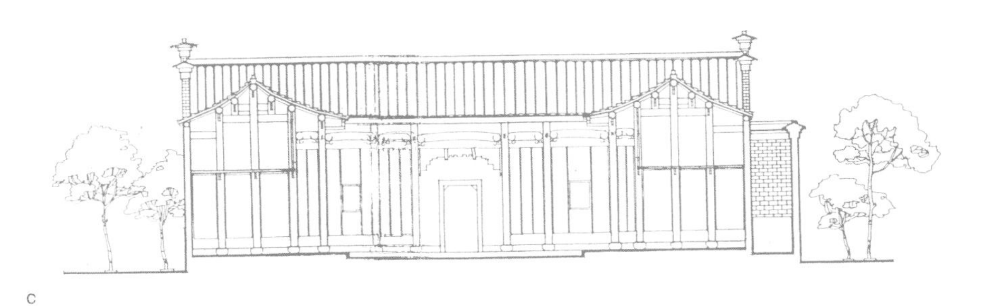

c

B–B剖面

图7–7a~c 姜家大院民居平面、剖面图

常常布置水池、石条案，上面摆放山石盆景花卉，俨然一个小小的天然山林，反映了人们对耕读生活、自然山水的审美情趣。天井的实际功能主要是采光、通风、汇集雨水，水池中长年存水以备防火之用。天井较之皖南民居要宽敞得多，特别对五开间住宅来说横向空间更显得开阔舒朗。

上堂是整个住宅中最重要的空间，是家庭生活、社交、礼仪的中心之所在。通常大厅正面后金柱的位置上设四扇槛门，或在正面后檐墙上贴四扇槛门，当地称木简壁。壁前正中放置香几，亦称供案或条案，上供神佛先祖牌位，香炉烛台，上方木简壁正中悬

图7-8 姜家大院巷口过街楼
其上有闸门可放下，并设有专门的注水口，可防火攻。

图7-9 姜家大院内院及侧厢

廿八都民居的院落比较宽敞，特别像这座五开间的房子，东西方向就更长一些，人们常常可以在院子里从事劳作和家务活动。

图7-10 封火墙细部
封火墙是廿八都民居最常见的部件。它除了在失火时真正起到防止火势蔓延的作用外，还是重要的装饰部位。廿八都民居的封火墙比较敦厚，角部微微起翘，把厚重与轻盈的分寸把握得恰到好处。

挂神祖画像，两旁是婚庆或祝寿之楹联。紧靠案前放置八仙桌，两侧置太师椅和茶几。再上部有的还设供奉先辈祖宗的供台。整个木简壁像舞台布景一样，一切家庭的活剧都在这一背景前上演。

厅堂是家庭的生活中心，老人在这里休息聊天，男人在这里做篾活，女人在这里操持家务，孩子们在这里读书嬉戏，常年洋溢着“农家乐”的生活气氛。

厅堂又是家庭的礼仪中心。逢年过节，先人生辰忌日全家在上堂设供祭拜。男婚女嫁之时，在上堂举行拜天地、拜双亲等婚礼仪式，

图7-11 梁柱细部/上图

且不说雕饰的精美，也不说线条的流畅。“减柱”的处理省却了一根落地长柱，而代之以一根花篮短柱，与北京四合院的“垂莲柱”有异曲同工之妙。

图7-12 石雕门额/下图

姜家药铺的大门迎街朝东，故而用“紫气东来”的整块石雕门额来表达吉祥如意的心愿。

图7-13 门楣下的太极八卦图
当人们跨进大门时，抬头可见石雕的太极八卦图。吉祥幸福和如意安康之气可以进入大门，牛鬼蛇神和邪恶不祥之气当然就避之门外了。

上下堂、左右厢和天井自然而然也就成了大宴宾客的场所。举办丧事之时，上下堂又成了灵堂和停柩的地方，供合家和亲友进行祭奠。

卧室位于堂屋两侧的次间，面向堂屋开门。通常厢房的进深较次间的开间略小，因此次间靠堂屋的檐下可以开窗，对天井直接采光。卧室内一般铺架空木地板，墙面装木护墙板，以使之干燥整洁。卧室内北面摆放硬木雕花架子床，围合了一个家庭中最为私密的二次空间。

一些书香门第，往往在家中设书房，书房的位置通常位于西厢，将西厢封闭起来，窗户朝东开向天井。

不少住宅都设有楼层，但楼上多数仅用作贮物，少数人家楼上用作为厅堂和居室。楼梯的位置通常设在上堂的木筒壁后面或东西厢。

图7-14 轩

“轩”即拱形之天花。杨瑞光室外檐下的轩有丰富的人物、动物和植物纹的装饰，然不施彩粉，十分之自然，富丽而脱俗。

图7-15 雀替细部

“雀替”原本是加强梁端头支撑的一个结构部件。杨瑞光宅这里的雀替则主要是起装饰作用了。否则，雕得如此通灵剔透，又能经受得几何压力呢？但是那栩栩如生的人物戏文、花鸟动物的雕饰，不由人不发出叹为观止的感慨！

住宅的入口一般有两个位置。一种情况是在中轴线的南端，在这种情况下，下堂在金柱位置设插屏樘门，起遮挡视线，增强内部私密性的作用。平时自大门过厅由两侧进入厅堂，遇有红白喜事，插屏樘门可灵活拆除，方便出入。另一种情况是当街巷为南北走向而住宅由东西方向进入时，入口设在东西厢。这时，东厢或西厢就作为门厅了。

廿八都有一种独特的地面做法，主要用在厅堂，当地称“水地罗”。其做法是将卵石夹砂、生石灰、黏土按2：1：1的比例拌匀铺成5寸厚的垫层，并以木斩刀将卵石等块状物斩入下部，然后刮平、压实、拍光。再以烟煤加酒调匀，加入细生石灰搅拌成糊浆状，刷在垫层上，晾干后用“木地拍”拍光。如此刷浆拍光4—5次，最后用细绳压印分格即成。做成的地面坚实平整，呈蟹青色，一如现代的水泥地面，防潮而绝不起灰则更优于水泥地面。

住宅的外部造型

廿八都住宅最具特色的要素是大门和门楼的处理。住宅内向式的空间布局，使得外部都是高大的墙面，在村落景观中住宅的个体消失了，要想从长长的、高大的墙面中突出自己家的特性，只有在入口门楼上刻意处理，体现自家的社会地位和富有，以取得心理的满足。长长的街巷两侧一座座门楼和门脸，形成丰富和具有节律的街巷景观。门楼多为楼阁式，由梁、枋、檐、椽、望板和垂莲虚柱构成四柱三

图7-16 门楼斜撑细部之一/左图

门楼是住宅入口的装饰重点，门楼檐下的斜撑更是门楼的装饰重点。斜撑的装饰题材常常是“八仙过海”等祥瑞人物和故事。这个斜撑描述的是南极仙翁的故事，老翁肩荷神杖和葫芦，手捧瑞果，骑着神鹿，给人间送来健康和长寿。

图7-17 门楼斜撑细部之二/右图

这个斜撑的装饰题材古松和仙鹤，取“松鹤延年”之意，仍然是健康长寿的吉祥祝福。

图7-18 内院檐下斜撑细部之一

围绕内院的檐下斜撑也是装饰的重点部位。姜姓故居的院内共有八个斜撑，装饰八仙题材。这个斜撑描述的是韩湘子的故事。

图7-19 内院檐下斜撑细部之二
这个斜撑的装饰题材是曹国舅的故事。

楼，上覆黛瓦，檐角起翘，并饰以卷草或走兽等。各个构件都精雕细刻，特别是斜撑，装饰最为丰富，其题材多为八仙，福、禄、寿三仙或松鹤延年等吉祥内容，雕刻之精美，技法之纯熟，较之举国闻名的东阳木雕有过之而无不及。另一种为砖石门楼，也是四柱三楼，以砖石层层叠出，砖石仿木构，施以精美雕刻。门洞以青石（石灰石）镶框，亦精琢细雕，形式有矩形、半圆形，有的还将上框凿成月形石梁，饰以雀替和垂柱，十分精美。门额下方雕刻有蕴含可斩妖避邪、逢凶化吉之意的八卦图案。门额上方常常镶石雕字匾，向南的大门常常雕“南极星辉”，朝东的则雕上“紫气东

图7-20 内檐花窗装饰之一

内院四周房间面向院落的窗扇，既具有采光通风的功能，也是装饰的重点部位之一。这个隔扇为正方形，内嵌圆形，又以无数冰裂纹划分，中心形成了一个正八边形。几何构图既十分严谨，又不过于拘束。四角的蝙蝠装饰，因“蝠”、“福”同音，取“四福临门”之意。

图7-21 内檐花窗装饰之二 /对面页

廿八都的窗扇装饰题材十分之丰富。这是一对完整的窗扇，上部可开启部分的中间为“万”字纹的自由组合，上下头均嵌有精美的主题雕刻。

来”，朝西的则雕上“爽气西来”或“和气致祥”、“凤翔莺翥”等吉祥语。大门为双扇对开，门外多包铁皮，以铁钉钉出精美纹样，门中部设铜或铁门钹一对，附门环，供拍门和上锁之用。门内做门闩或门杠以防盗。逢年节或喜庆吉日大门上要贴大红对联和“吉方”，大多为“吉庆有余”“招财进宝”等内容。对联的内容极为丰富，主要是鼓励读书致仕、勤俭持家，宣扬三纲五常和处世哲学，更有赞颂田园生活和自然景观的内容。许多对联对仗工整，寓意深刻，体现了镇民的审美情趣、生活态度和避凶趋吉的心理，偶尔还有些许东方幽默。

图7-22 内檐花窗木雕细部之一/上图

这是窗扇开启部分下方的主题雕刻，采用高浮雕。双狮戏绣球是十分常见的装饰主题。

图7-23 内檐花窗木雕细部之二/下图

这是窗下固定部分的主题装饰，亭桥山石，瑞兽珍禽，一派欢乐祥瑞的景象。雕刻刀法纯熟，丰富而不烦琐，精细而不落俗，非一般等闲之雕工所能完成。

大门前常常做石级台阶和高高的石门槛。门前的场地空敞的也是装饰的重点，有的甚至用河卵石铺砌成阴阳八卦图案，以强化趋吉避凶的意愿。

廿八都民居的外墙除少数采用夯土墙外，多数为开斗清水砖墙，青砖规整，灰缝匀密，唯檐下粉两砖宽细长白灰浆，上绘花鸟装饰，明显受到江西民居的影响。民居外墙十分高大，外部仅在二楼部分开小窗，窗侧墙做成退拔形，外窄内宽。小窗内装木插板，外以砖雕装饰成各种纹样，水平长条的檐下装饰和极小的窗洞和大面积的外墙形成极其强烈的戏剧性的对比。

山墙的马头墙是廿八都民居最富表现力的地方之一。它随屋顶的坡势层层跌落，跌落二至三次，每层在墙头上用小青瓦做成短檐和脊，脊上青瓦竖立排列，尽端处起翘反卷，脊下两侧是短短的瓦垅，勾头滴水，一应俱全。这种逐层跌落的山墙当地称之为“三花山墙”或“五花山墙”。这种马头墙形式的山墙最重要的实用功能是防火，以免一家失火，殃及邻宅，故又称“封火墙”。马头墙的尽端通过

图7-24 河卵石铺地
这幅以河卵石铺砌而成的太极图，位于杨瑞光宅大门口的前院内。其趋吉避凶之意当不言自明。

图7-25 内院下水口细部
廿八都民居与我国许多地区的民居一样，多采用内落水，即所谓“四水归堂”。因此，内院的排水系统就显得十分重要。这个下水口位于杨瑞光宅的内院，用石头雕刻成钱纹装饰，寓意当然即为“财源广进”了。

砖叠涩挑出墙面，这叠涩的部位当地称之为墀头，也是住宅外墙装饰的重点，常常装饰各种吉祥图案和花饰。

住宅的附属用房，如厨房、厕所、柴房、猪圈、牛栏等多在住宅主体的后面或侧面，利用周围不规则边角地建造。因此巧于因借，随形就势，形成不规则布局，使得村镇中建筑高低错落，欹正进退，体形变化十分丰富，村镇景观也就不会因住宅形制的规整而使群体效果失之呆板了。

八、民俗汇览

廿八都居民除当地土著外，多为来自全国各地守军和南来北往的客商定居的后裔。因此廿八都镇3000人口有102种姓氏。土著人与客家人的融合形成一些独特的风俗民情。除了建筑形制、风格上的“文化飞地”现象之外，民俗上也呈“飞地”形态。廿八都境内有方言九种，如“江山腔”、“浦城腔”、“广丰腔”、“岭头腔”、“溪下腔”、“灰山腔”、“河源腔”等，有的小区域方言只有几户人家使用。但镇上通行的一种“廿八都腔”与浙南方言迥然相异，而与北方官话十分相近，当是北方守备军人后裔带来的“飞地”文化的影响。

由于历史上移民带来了各地风俗，廿八都地区传统民俗文化十分丰富，乡土风俗民情气息浓厚，现择其与建筑文化有关者简述之。

聚族而居

我国农村，特别是江浙地区农村，多聚族而居的血缘村落。在旧时这些村落的社会组织的主体是宗族，宗族是社会最基本和最具权威的组织力量。清雍正帝在《圣谕广训》里表明宗族的社会职责是“立家庙以蔫蒸尝，设家塾以课子弟，置义田以瞻贫乏，修族谱以联疏远”。同时，宗族也被赋予社会最基本的政权职能，它负责管理族内居民生活的一切方面，包括教化居民守法遵纪，规范居民的行为准则，以及进行户籍管理，并主管婚丧嫁娶，村落建设、公共卫生、文化娱乐、喜庆典礼、防匪防盗、调解纠纷等公共事务。

宗族的物质表现形式是宗祠。村落常以宗祠为核心形成团块结构，因而宗祠即成为村落中最重要的公共建筑和社会活动中心。廿八都虽姓氏众多，但曹、杨、姜、金四大姓在镇民中占大多数，全镇以这四姓的宗祠为中心构成数个团块，聚族而居，直至今日。

图8-1 民间剪纸

廿八都年俗与全国各地一样，家中门上均贴对联，窗上要贴窗花。村中有许多剪纸高手，一张红纸在手中上下翻飞，很快就变成一幅精细的剪纸，用以贴在窗上。剪纸的题材常常也是各种祥瑞内容，如“年年有余（鱼）”、“喜鹊登梅”等。

建房造屋

建房必须先选址，即所谓“卜宅”，根据“风水”的原则，通常选择靠山近水、避风向阳、干燥通风之处作为宅基。并且请堪舆师（当地称地理先生）根据家庭主要成员的生辰八字、建房年月的干支、地形的特点，规定在东、南、西方向偏若干度角，由地理先生用罗盘加以测定。破土动工必须选择黄道吉日，请来地理先生测定大门位置和门向，然后由工匠拉线打桩定位。东家必备酒宴，请先生、师傅和本族兄弟父老喝“起工酒”。数日后即可正式动工建造。

房屋的高度即中柱的高度有严格的规定，必须符合“生老”的要求。所谓“生老”就是按一定的单位（如丈、尺）按照“生、老、病、苦、死”顺序读数，遇到病、苦、死就是不吉利，如数到一丈八尺遇到“病”，二丈遇到“死”，则继续往前数，遇到“生、老”方为大吉。故房屋中柱的高度都无整数，一般常为一丈九尺六寸、二丈六尺六寸等（鲁班尺，一尺约合八市寸）。

木匠师傅把各结构部件做好后便要竖柱上梁。竖柱上梁是建房造屋过程中最为重大的事件，不仅要选择黄道吉日而且要大加庆贺。上梁前一日就要将各部位安装架设稳固，单留一根梁在吉日安装。正梁必须是椿树料，因传说中椿为树王。上梁日宾客纷纷送对联、红烛、索面、米糕、粽子（取红烛火红、索面绵长、糕与高谐音之意）等物登门贺喜。

上梁日凌晨，主人搬出刚捣好的麻糍待客，邻里乡亲以及过路者都可以分享。其时爆竹鞭炮齐鸣、木匠将丈杆（与中柱等长，屋盖好后置于上梁下，永不动用）小头扎上红布、挂上木尺、墨斗之类工具靠中柱竖立，下头插在谷箩里，谷上放秤杆、尺、镜子等表示进屋兴旺及镇邪之意。上梁前必先“出煞”。木匠用斧削成三个三角桩，在平马（三只脚的坐凳）上敲击三下，用红布包了，左手拿桩，右手提斧，用斧背将木桩敲击，使其箭也似地射出门外，让人们拾去挂在猪栏上镇邪。然后主人提公鸡，让木匠在鸡冠上割出血来，跟着木匠出煞。师傅吆喝“一请鲁班、二请丈杆”等语，将鸡血涂在鲁班尺、丈杆及各柱子上。此

图8-2 正月十五荡湖舟/对面页

每逢正月十五，廿八都古镇街上张灯结彩，并表演荡湖舟的活剧。其时，男女老幼都来到街上，观看表演，一派喜庆景象。

公鸡称上梁公鸡，永不杀食，一为犯忌，二因此鸡已受一刀之罪。出煞后将“梁喜”（彩色布做成，中绣八卦，往往为近亲所赠）挂在梁上。而后瓦匠在右，木匠在左，各备器具，沿中柱爬至顶端。众人吊上正梁，由师傅安装好，并用锡壶的酒浇梁。接着抛洒馒头、花生等食品，由人们争相抢接。其间喝彩声不断。彩语如：“伏以，你往东来我往西，手拿酒壶上楼梯”等。上梁遇雨最为吉利，俗谓“雨浇梁见钱粮”。上梁毕，主家在旧屋内点香火纸烛，拿到新屋拜祭，称为“引香火”。然后主人在新屋正堂上挂竹罩挡风，设香案点燃大红喜烛，供上索面、米糕、粽子。“独照”上贴“吉星高照”横幅（“照”字下面照例为三点，以避四点火字），下挂亲友所赠对联，两边柱子上常贴“竖柱喜逢黄道日，上梁正遇紫微星”等吉庆大红对联。中午则摆酒大宴宾客，酒酣而散。

迁居建灶

迁居，称“乔迁之喜”。有由旧屋搬入新屋的迁居，分住迁居和买屋迁居。由旧屋搬入新屋的迁居，又称“归屋”。迁居时除摆宴请亲友外，还要安土地公，点上香烛，用三牲之首或整鸡祭拜，仪式上须全家人绕新屋中每一根独立的柱子转一周，然后方可搬入新屋居住。不论哪种迁居，都须先砌灶，盖民以食为天。砌灶亦须择黄道吉日为之。砌好灶后，安灶神（廿八都称为灶公灶母），点香纸礼拜，然后在新灶内炒米花或玉米，炒得噼啪作响，谓上发下发，兴旺发达的意思。第一餐燃料必须烧芝麻秆或麦秆，烧起来也会噼噼啪啪地响个不停，取其火爆之意。

喜庆活动

每逢年节，廿八都的街道、广场、祠堂、庙欢是上演各种活剧的舞台。春节、元宵、端午、中秋、重阳等，是举行喜庆活动的节日，其中每逢春节和元宵节，镇街上更是热闹异常。

春节是一年中隆重的节日。农历十二月廿三（腊月二十三），是灶公灶母上天的日子，这天晚上每家每户都要举行“送灶”仪式，在灶头点上灯，在灶君神龛前供上茶叶、豆、米、红糖等，上香礼拜，让灶公灶母今年“上天言好事”，来年“下界保平安”。腊月三十，则要在大门上贴大红横额、对联和门神，并在猪栏、鸡舍、米瓮等处贴上对联或红纸条。门墙对联的内容不外是“爆竹一声辞旧岁，桃符万户迎新年”或“天增日月人增寿，春满乾坤福满门”等吉语，横批则是“万象更新”之类。但也有鼓励人们读书进取或勤劳致富的，有宣扬伦理纲常和处世哲学的，也有赞美自然景观的。猪舍牛栏边贴“槽头常兴旺，栏内永平安”，横批“六畜兴旺”。灶头吉方多为“万年香火”，仓柜为“黄金万两”字样。这些红色的门联给街巷空间创造喜庆气氛，把整个廿八都衬得喜气洋洋。

除夕常常守岁至天明。清晨子时，人们从附近河或井中担回清水，谓之“天水”，准备用来做“素斋”。然后静坐灶边，倾听鸟叫，以预测一年年景的好坏。传说正月初一清晨哪种鸟先叫，便是哪种鸟值年，以喜鹊先鸣值年为最佳。正月初一清晨，当家人先点燃一只爆竹从大门边狗洞里丢出去，称“开门炮”，而后打开大门。自此，大街上一片拜年声，人们互贺新春，烧香祭祖，庆祝新春伊始。

正月十五元宵节，又名灯节。廿八都地方正月十一上灯，正月二十谢灯。上灯这一天家家户户点红烛，门前悬挂各式灯笼和彩灯，把个廿八都装扮得灯火辉煌，如同天上人间一般。上灯期间廿八都还举行舞龙灯、踩高跷、荡湖船、戏狮子等喜庆活动，正街上人山人海，一派喜庆景象。

正月二十“谢灯”。俗语说“过了正月二十，是龙上天，是佛归殿，娜妮（姑娘）归花园，老太婆补破片（补衣服），种田人去下田，读书学生归书院”。自此，人们结束了正月的喜庆活动，又投入新一年的艰苦劳作，创造更新更美的生活。

九、古镇梦醒

改革开放的春潮冲击着神州大地的每一个角落，在梦中沉睡了许多个世纪的浙西南古镇廿八都，如今正在苏醒。繁荣的三省边境贸易成为古镇复兴的契机。经商致富的镇民像他们数百年前的先辈们一样开始对居住条件提出了更高的要求，一些新房悄然出现在古色古香的古镇的古建筑群中，仿佛是天外的来客，又仿佛是鹤立鸡群的异类。享受了过多的现代文明之后，都市人们在寻求精神寄托的时候把目光转向了三省边境的古镇廿八都。海内外的建筑专家、民俗学者在考察古代文化遗产的时候也发现了这颗大山中的灿烂的遗珠。于是旅游者纷纷来到廿八都，更是唤醒了苏醒过程中的古镇。

1994年，东南大学建筑系对古镇进行了深入的考察和研究，对古镇的保护和发展提出了构想，形成了“历史文化名镇廿八都保护与建设规划”。规划从集镇形态、空间结构、建筑形式风格、风俗民情各方面对古镇加以分析研究，把传统集镇的历史文脉、风俗民情、镇民的心理结构与现代建设发展结合起来，创造一个既有传统文化特征、地方风情，又满是现代生活要求的新型边区集镇。

规划把古镇作为一个完整的整体来加以保护，划定了保护区和建设控制地段，保护区内不得新建或翻建与古建筑风格格格不入的建筑。对于36幢古建筑实行重点保护，保持原貌，适当维修，对少数民居可以通过维修，改变用途，为现代旅游业服务。试想一幢古民居在保护外观不变的同时把内部改造为一个乡土客舍，或一个民俗博物馆，不是极有情趣的设想吗？

规划还布置了一条新街，让镇民自行投资建造新乡土建筑风格的商住结合的新民居，新街老街结合，互相辉映，相得益彰。

廿八都具有丰富的旅游资源。旅游资源的开发，将使古镇复兴，获得新生。梦醒的廿八都，将成为浙西南–闽北旅游线上的一颗璀璨的明珠。

廿八都古建筑遗迹一览表

一、公共性古建筑

名称	朝代	年号	公元纪年	
枫岭关	元代			
里山寺	清	乾隆		
水星楼		同治七年	1868年	建造
万寿宫（江西会馆）	清中晚期			建造
忠义祠	清	光绪十一年	1885年	建造
水安桥		光绪十七年	1891年	建造
大王庙		宣统元年	1909年	建造
孔庙		宣统元年	1909年	建造
文昌阁	清末			建造

二、民居古建筑

名称	村落	朝代/年代
杨通学宅	浔里村	清道光
中药铺	浔里村	清末
纸行	浔里村	清末
姜家大院	浔里村	清末
姜家院	浔里村	清末
姜家大院	浔里村	清末
杨瑞光宅	浔里村	清末
金延流宅	浔里村	清末
金家大院	枫溪村	清末
曹家大院	枫溪村	清末
金家宅	枫溪村	清末
金家住宅	枫溪村	清末
姜家店铺	枫溪村	清末
姜姓故居	浔里村	民国初
姜守全宅	浔里村	民国初
姜家药铺	浔里村	民国初
姜老虎宅	枫溪村	民国初
杨瑞章宅	浔里村	1914年

图书在版编目（CIP）数据

浙西南古镇廿八都 / 仲德崑撰文 / 摄影. —北京：中国建筑工业出版社，2013.10
（中国精致建筑100）
ISBN 978-7-112-15943-7

Ⅰ. ①浙… Ⅱ. ①仲… Ⅲ. ①乡镇-建筑艺术-浙江省-图集 Ⅳ. ① TU-862

中国版本图书馆CIP 数据核字（2013）第233603号

责任编辑：董苏华 张惠珍 孙立波
技术编辑：李建云 赵子宽
图片编辑：张振光
美术编辑：赵　清 康　羽
书籍设计：瀚清堂·赵　清 周伟伟 康　羽
责任校对：张慧丽 陈晶晶 关　健
图文统筹：廖晓明 孙　梅 骆毓华
责任印制：郭希增 臧红心
材料统筹：方承艺

中国精致建筑100

浙西南古镇廿八都

仲德崑 撰文/摄影

中国建筑工业出版社出版、发行（北京西郊百万庄）
各地新华书店、建筑书店经销
南京瀚清堂设计有限公司制版
北京顺诚彩色印刷有限公司印刷

开本：889×710 毫米 1/32 印张：$2^{3}/_{4}$ 插页：1 字数：120 千字
2016年3月第一版 2016年3月第一次印刷
定价：**48.00**元
ISBN 978-7-112-15943-7
（24345）